蕾切尔·卡森

1960 年在缅因州的
海边寓所

Erich Hartmann 摄

万物皆奇迹

〔美〕蕾切尔·卡森 著

王重阳 译　谢小振 绘

北京大学出版社
PEKING UNIVERSITY PRESS

一书一世界

S OK

沙发图书馆

五十岁的卡森和四岁的罗杰

一起发现自然的笔记

序　不敬畏所有生命，
　　就不是真的道德

我可以毫无犹豫地说，在我的"生命意志"（will-to-live）中，存在着两种渴望：一种是提升生命意志的渴望（这可称之为求乐的渴望），也存在着消灭恐怖和伤害的意志的渴望（这可称之为避苦的渴望）；同理，在我周围的所有生命意志中同样也存在着这些渴望，不管它自己是否能表达我所理解的东西。

因而，伦理学必须像敬畏自己的生命意志一样敬畏所有的生命。在这里，我已经获得了道德的根本原则。那就是：善是保存生命、促进生命，恶是伤害生命、压制生命。

……

只有当一个人自我约束、遵守帮助一切他能够救助的生命的原则，只有当他摆脱了伤害任何生命的方式，才是真正具有伦理观念的人。他不会去怀疑，这种生命或那种生命本身的价值是否值得同情，也不会去质问这种生命或那种生命是否具有感觉能力。对他来说，只要是生命就值得去奉献爱意。他不会从树上摘下半片叶子，不会践踏美丽的花朵，并且会小心谨慎不踩死路上的虫子。如果他要在夏日的灯光下工作，他宁愿紧闭窗户，呼吸沉闷的空气，也绝不愿意看到断胳膊少腿的飞虫一只又一只掉落在他的桌子上。

如果他在一场暴风雨之后漫步在街道上，看见一只毛毛虫搁浅在那里，他会可怜它不能钻入湿漉漉的泥土而必将在阳光下晒干，他会帮助它从危险重重的石头上回到葱翠的草丛中。当他路过一个地方看到一只昆虫掉进了水池，他会抽身摘片树叶，悄悄地垫在它下面，以便它能爬出来自救。

他不怕因为多愁善感受到嘲笑。每个真理在最初都会成为被奚落的对象，这是真理的命运。今天，大张旗鼓、坚定不移地宣称敬畏每一种形式的生命是一种理性伦理的强烈要求。当人们惊讶不已于长期以来，人们不认为伤害生命与真正的伦理学是自相矛盾的时候，这一天终将来临。不把责任延伸到每一个生物，这样的伦理学是不合格的。

作为一种带有理性特征的敬畏生命的伦理学，其哲学的一般观念或许并无魅力。但这种伦理学可能是唯一完整的思想。只有"同情"还太狭隘了，它不能作为伦理学的基本要素起到知识表达的作用。敬畏生命还指出，应该分享对生命意志的体验，要成为伦理学，就要分享对所有生命意志的境遇和对全部体验的渴望，感受它的快乐、愿望、对完美的追求。

虽然"敬畏生命"这个词汇听起来也许不太生动、不切实际，但它所表达的内容是那些曾经在某个地方被思考过但却从未被人所掌握的某种思想，它要求要对活蹦乱跳的生命承担彻底的责任。就像水中的螺旋桨推动着船前行一样，敬畏生命也这样驱动着人们前行。

敬畏生命的伦理，出于内在的必然性而产生，它不会寻找各种借口，也不会被这一主张可能带来的现实后果而阻挡。在这个已经是道德的人身上，敬畏生命和为了这个世界上的生命存在而自我牺牲生成了一种意志，这个事实本身就对这个世界有价值。

在我这里，我的生命意志已经认识到存在其他的生命意志，产生了与其自身统一起来的向往，成为普遍一致的渴望。为什么生命意志的这种体验只能在我这里呢？是由于我已经能够反思整体的存在，还是由于生命意志的进化始于我这里？

我只能抓住这样的事实，即生命意志在我这里出现，好像它准备与其他生命意志成为一个整体。这个事实有如一束光明，令我豁然开朗。我不再纠结于客观世界的真实本质，我将不受这个陷阱的牵绊，不再像笛卡尔、康德所遭遇的一样。通过敬畏生命，我把目光转向这个骚动不安的陌生世界。如果我拯救了一只落入水池中的昆虫，那么它就获得了重生，这个生命意志的自我冲突再次获得了化解。无论什么时候我的生命以任何方式让其他的生命获得重生，我的永恒生命意志就体验到了与其他永恒生命意志的统一性，因为所有的生命皆为一体。我便拥有了一种热诚，它使我免于在生命沙漠中产生死亡的渴望。

当思想把自己看作是对终极的思想，它便是宗教了。敬畏生命的伦理是犹太伦理对于哲学的表达，是直达宇宙的形式，被视为必要的理智。

关于人与动物之间的关系，敬畏生命给了我们什么教益呢？

无论何时，我伤害任何一种生命，我都必须弄清楚这种伤害是否有必要。

那些在动物身上做实验或做药物测试的人，或者那些用疫苗给动物注射的人，他们的目的也许是通过这种方式获得的结果来帮助人类，但不应该把这种想法当成是一种普遍的观念，即他们这些可怕的做法追求的是功利的目的。在每种不同情况中，都要思考一下牺牲动物去拯救人类是不是真有必要，这是实验者的责任。他们应该充分考虑到尽可能减轻动物所遭受的痛苦。在科学机构中，为了节省时间，减少麻烦，通常对动物使用麻醉剂，他们用这种方法犯下了多少暴行！当动物遭受严刑拷打，备受折磨，却只是为了测试学生的众所周知的科学知识之时，又犯下了多少罪恶！作为科学研究的受害者，动物以其承受的痛苦对人类的体验提供了这样的服务，这种真实的情况本身就在动物和我们人类之间形成了一种新的关系，我们受惠于动物的牺牲，因而我们就对它们产生了新的义务。当我帮助一只昆虫逃离苦海时，我所做的是试图消除我们对那些动物犯罪所产生的罪恶。

无论何地，任何被迫为人类服务的动物，它们由此而忍受的各种痛苦都值得我们每一个人去关心。任何人都不应该出于不负责的态度而使动物遭受痛苦，相反，他应该去阻止这种情况的发生。任何人都不应该认为只要是"与己无关"的动物，就要从它们身上谋取最大利益的思想。任何人都无法逃避他的责任。当还存在恶待动物的情况时，当屠宰场的流水线上的动物发出凄厉的惨叫声却无人留意时，当还存在如此之多低劣的屠宰场时，当我们的橱柜藏着那么多遭受宰杀的动物的毛皮时，当动物还忍受着没有良心的人所施加的闻所未闻的痛苦时，或者当把它送给孩子们做令人可怕的游戏时，我们所有的人都有罪，必定遭到谴责。

我们会为我们赤裸裸的表现而感到震惊，感到罪恶，我们也会为人类施加给动物的那么多痛苦而深深震动，这让我们会反省其他生命比我们更加"理性"。

现在，他们（它们）以自己的悲惨境遇突然之间把我们揭露出来，他们不想继续遭受这种现状。或许，他们对我们越来越陌生，但他们才真正接近于我们原本的立场。我们每个人套在自己脸上的不同于其他生命的面具，现在已然滑落。我们现在才明白，我们不可能使自己与我们周围生生不息的生命王国断然分开！

敬畏生命的伦理迫使我们每一个人要从与我们共生的沉默者——即各种生命中得出结论，或者从他们的境况中剔除我们自认为最能感受一切的傲慢看法。这有助于提高我们对周围生命所体验和忍受痛苦的警觉，这激励着我们投身于帮助其他动物的行列，减轻他们遭受我们所施加的巨大痛苦，使之脱离那些不可思议的恐怖之地和无尽苦海。

阿尔伯特·施韦泽

阿尔伯特·施韦泽（Albert Schweitzer，1875—1965）1952 年获得诺贝尔和平奖，活跃在哲学、神学和音乐等领域。本文节选自他的《文明哲学》第二部分（The Philosophy of Civilization）。

目录
contents

冷雨夜行

记得，一夕秋雨，风露披漓。

我用毯子包着二十个月大的甥孙罗杰，一起去海岸。

目力所及的海天之际，一线白浪如山，虽隐隐绰绰却作雷霆巨响，奔涌而至时，化作一抔抔泡沫。

我俩忘我地对着海大笑，这婴孩是头一次见识汪洋的恣肆，而我和海已缱绻了半生。

不过，我俩都感到同样的兴奋，因这天水四围的黑暗与狂莽。

沙蟹

ghost crab

Ocypoda（**g**）

文中表分类的拉丁
学名后边的括号内
g指属名，F指科，
O指目，C为纲

沙蟹也叫幽灵蟹，或鬼蟹，这是一大类
螃蟹，组成了沙蟹科的沙蟹属（*Ocypode*）。
幽灵蟹的名称源于他们昼伏夜出的习
性，或是它行差门的颜色，但实际上沙
蟹属的颜色变化多样。

冷雨夜行

角眼沙蟹

转过天来，抑或是两日后的夜晚，我抱着罗杰，又徇然至此，已无冷雨，但风仍萧瑟，浪仍镗嗒。

就如置身鸿荒之中，唯独我们手里的电筒，射出一道暖黄的光来。

我们那夜的野足，为的是寻找一种小生灵，幽灵蟹，其色如沙，腿脚伶俐。

罗杰白日间就见过，但这些小蟹却喜夜行，无风之夜，它们沿着潮线挖洞蛰伏，盼着来潮带它们回海。

看这强韧而又脆弱的小生灵，求生于海神的摇撼之下，让我有种哲理上的感喟。

角眼沙蟹是沙蟹属中的一类，眼柄像天线一样高高竖起，随着生长，眼柄变长。它的爬行速度很快，可以每秒移动两米以上。"角眼"这一特征在沙蟹属于并不罕见，只是眼柄形状会有所区别。

角眼沙蟹

horn-eyed ghost crab

Ocypode ceratophthalma

冷雨夜行

左旋香螺

当然，我不会设想小罗杰这次还和我有同感，能看到他喃喃地叫着"幽幽"，去四处挖蟹，就很好了。未离襁褓时，罗杰已经喜欢上这荒蛮却素朴的世界，不会害怕风飔雨骤、暗夜潮声。

这绝不是哄悦小孩的常例，不过，如今我和四岁多的罗杰仍然能一起在这片世界中探奇冒险，就像他在襁褓时一样，这真好。

不论是昼是夜，是风是静，我俩都能一起分享大自然的殊胜，而不必我谆谆教诲。

左旋香螺是香螺科中的一种，以奇特的左向的开口而得名。这种螺能长到30厘米之大，用强有力的齿舌在其他贝类、蛏类、蟹类的硬壳上钻出小洞来猎食。香螺与瓶螺、扁螺三个科的各类很难严格区分，全部域在分类中尚有争议。

左旋香螺

lightning whelk
Busycon perversum

北方的雨林

我在这片缅因州的海边度过幽幽夏日，那里有我的海滩和树林。

蜡杨梅、刺柏、越橘抢滩似地，生在海边的花岗岩带的边缘，从那开始，海岸缓缓升高，抬升成一座小山，云杉和冷杉蓊郁芳馥。

山脚下，杂生着北方的植被，如蓝莓、鹿蹄草、鹿蕊、御膳桔，在一面云杉茂密的山坡后，有条遍布蕨类、山岩匝地的溪谷——野树谷，那里有仙履兰、木百合，垂着七筋姑的芊芊柔条和绛蓝的浆果。

蜡杨梅

bayberry

Myrica cerifera

北方的雨林

蜡杨梅

每逢罗杰远来，我俩都要畅游于那片山林，我并没意识到我叫的那些草木鸟兽的名字，也不讲解它们如何生息，只是告诉罗杰邂逅这一切有多快乐，让他注意到这儿啦那儿啦，就好像和一个大人一起分享我的发现。

然而，让我惊诧的是，后来罗杰把这些名字记得那么深，他看见我拿着的植物，立刻认了出来，"噢，是御膳桔，蕾切尔姨妈喜欢的。"

"是刺白（刺柏），那绿果果不能吃，是给松鼠吃的。"

我想，除了和玩伴一起穿林过岗、探奇发现，没哪种力量能把这些名字深深刻在一个孩子的头脑中。

蜡杨梅

bayberry

Myrica cerifera

木百合

wood lily

Leucodendron salignum

蓝莓

blueberry

Vaccinium Spp

北方的雨林

厚壳玉黍螺

同样，罗杰也认识了贝类。

在岩石峻嶒的缅因海岸中间，我恰好有这么一块三角形的海滩。

滨螺、香螺、贻贝，一岁半的罗杰竟然都能含含糊糊地说出名字，我不知道他是怎么记住的，我只知道，从没刻意教过他。

我让罗杰分享小孩们通常被禁止的快乐，要体验这些乐处，总是要费点事儿：占用孩子睡觉的时间，会让他们沾上泥污，弄湿衣服，弄脏地毯……

我却让罗杰和我一起，黑着灯坐在落地窗前，看着一轮满月西沉，沉到海湾的远岬，月光点燃了沧海，闪着银色的火焰，海岸的岩石，碎钻般闪烁，好似嵌在石间的云母也被月光点亮。

此番情景，定然会像照片一样永葆于他心中，他绝不会记得曾经少睡了一觉，而忘记如此绝美的夜晚。

厚壳玉黍螺是滨螺属中的一种，生长于海岸潮间地带。这种螺是在19世纪引入美国东海岸。杂食性，既吃海藻，也猎食其他小型软体贝类，如藤壶等。

厚壳玉黍螺
Common Periwinkle
Littorina littorea

北方的雨林

构兰

他会用他自己的方式告诉我，他所记得的去年夏天里，那个满月朗照的夜晚。

他静坐在我膝上，看着天、海、月亮，呢喃地说："能来这儿，真高兴。"

我一直觉得，在细雨淅沥的时候，徜徉在林间是最美的。

缅因的丛林显出从未有过的鲜活。

常绿的松柏针叶上鎏了一层银，蕨类蓬勃如热带的植被，每一片叶尖上都噙着一滴晶亮的露珠。

斑斓诡异的菌菇从腐土中钻出来，染着芥末黄、杏黄和猩红的颜色，就连地衣和苔藓也青嫩如斯、泛着银光。

构兰，又称仙履兰，属于兰花科构兰亚科。因其类似鞋子的形状而得名。这个壶形的花瓣结构，实际上是一个陷阱，引诱昆虫跌入其中。看上去如此美丽的兰花，实际上也是食肉的。

枸兰

lady's-slippers

Paphioedilumhy-brids

北方的雨林

松鼠

我如今明瞭，即便在这阴郁的日子里，大自然也为孩子们预藏了一些奖赏。

罗杰虽然没有说话，但他对雨天的反应提醒了我，应该去那片湿透的林子里去走走了。

那几日的雨雾氤氲，使得窗上碎珠常满，望不见海湾，也不见捕龙虾的渔人来布陷，亦无鸥鸟翔集，连松鼠都没了踪迹。

很快，我这农舍就装不下一个好动的三岁孩子了。

松鼠类是啮齿目下的一个科，体型为中小型，包括树松鼠、地松鼠、花栗鼠、旱獭（土拨鼠）、鼯鼠等，近 300 种。

松鼠
squirrel
Sciuridae (F)

北方的雨林

斑鹿

"走吧，去树林转转。"我说。

"没准儿能碰见只狐狸，或者小鹿什么的。"

我们就穿上黄雨衣戴上雨帽，欢欣雀跃地出去了。

我一直喜欢地衣，它们能把所生长的地方变得如同仙境：给岩石镶上银边，仔细看每一株的结构，奇异如海中生灵的骨骼、犄角或甲胄，我高兴地看见罗杰也惊诧于雨水润泽之后，地衣简直脱胎换骨。

林间的小路覆满了所谓的鹿蕊，实际上也是地衣之一种，在幽绿的林间画出一条银灰色的小径，就好像有了年头的客厅地毯上的踏痕，鹿蕊也从小径上溢出，蔓到别处。

鹿科有 90 多种鹿，在北美常
见的鹿有黑尾鹿、白尾鹿、
驼鹿、驯鹿等。

鹿
deer
Cenvidae（F）

北方的雨林

橡苔

天气干燥时，这些地衣消瘦萎靡，踩在脚下，十分脆弱。

而现在，如海绵般吸足了水，变得厚实而有弹性。

罗杰着迷它们的纹理，跪下去用滚圆的膝头来感觉它们，又在铺满地衣的小径中欢欣雀跃、上蹿下跳，我俩就在这里玩圣诞树游戏。

橡苔实际上是一种地衣（lichen），而非苔藓。橡苔生长在橡树、杉树、松树的树干上，可制做香水。

地衣实际上是不同的藻类和蓝藻共生的一种生物，既非动物，也非植物，具有极强的适应能力，从海岸到极地都有分布。

苔藓则是一类植物，种类有几万种。它不开花、不产生种子，而是靠孢子繁殖。

橡苔
oak moss
Evernia prunastri

北方的雨林

御膳桔

新生的云杉，高高矮矮，最小者就如罗杰的手指长。

我在草丛里指出那些最幼嫩的云杉苗，"这一定是松鼠们的圣诞树。"我说，"尺寸刚好。在平安夜里，红松鼠会来挂上小贝壳和铃铛，用苔藓丝缠绕松枝，做各种装饰，接着白雪飘落，覆满松枝，雪花闪烁，到了早上，松鼠们就有了一棵美丽绝伦的圣诞树了。

而那一株略小的嘛……或许是某种甲虫的，略大的那株或许是属于野兔或旱獭的。"

这个游戏只要一开始，就要在这条林间小路上贯彻始终，自打那之后，罗杰常常对我大喊："别踩着圣诞树了！"

御膳桔是山茱萸科山茱萸属的一种，植株很小，高不及膝，喜欢生长在北半球温带的针叶林中，尤喜与湿润的苔藓类杂生。

御膳桔

bunchberry

Cornus canadensis

北方的雨林

鹿蕊

reindeer moss

Cladonia rangiferina

地衣的一种，又称驯鹿藓，其实并非是苔藓类，寄生于温冷环境，而且的确是驯鹿的食物。

属于杜鹃花科，原
生长于亚欧的北极
圈地带，被称为冬
青（wintergreen）。

鹿蹄草
checkerberry
Pyrola calliantha

北方的雨林

鹿蹄草花蕊

鹿蹄草果实

鹿蹄草
checkerberry
Pyrola calliantha

北方的雨林

宽鳞多孔菌

Dryad's saddle

Polyporus squamosus

属百合科七筋姑属，大多数种
类生长在北美。其花依不同种
有红、黄、白等诸色。果实多
为绛蓝，如夜空之颜色。

七筋姑

clintonia

Clintonia（下）

北方的雨林

七筋姑浆果

七筋姑浆果

七筋姑
Clintonia
Clintonia（F）

北方的雨林

蜜环菌

halimasch

Armillaria mellea

蘑菇

mushroom

Agaricus campestris

北方的雨林

左旋香螺

左旋香螺

lightning whelk

Busycon perversum

北方的雨林

贻贝

mussel

Mytilidae（F）

通常指贻贝科的众多贝类。形状修长、壳蓝色或黑色。以足丝将自己牢固地固定在礁石之上，是多种猎食者的捕食对象，如海星、狗蟹、海鸟、浣熊，当然还有人类。

蛎鹬

oystercatcher

Haematopus ostralegus

北方的雨林

黑剪嘴鸥

black skimmer
Rynchops niger

他大剪刀一样的长嘴，在平静
的湖面上，将水皮像布一样划
开一道长长的水痕。

野兔

hare

Leporidae（F）

北方的雨林

赤狐
red fox
Vulpes vulpes

赤狐
red fox
Vulpes vulpes

北方的雨林

美洲旱獭

啮齿目松鼠科，又叫土拨鼠，其丰肥的体形
与松鼠科的很多种类大相径庭，是松鼠科中的
巨人。为了适应掘土的生活，它的四肢很为有
力，四爪内曲，甚至连脊椎也进化成弧形的。

美洲旱獭
woodchuck
Marmota monax

北方的雨林

东部棉尾兔

eastern cottontail

Sylvilagus floridanus

龟科棉尾兔属的一种，分布在美国东部。喜欢开阔且有灌木庇护
的草地，随着西部森林的减少，它们也逐步向西部开拓。它们
自己不挖洞，而是用早獭废弃的洞穴，在夜间的阴暗多雾的时候，
它们最为活跃，因为这时猎食者最难辨识它们。

甲虫

一只甲虫也有很多种观看的方法。

丰盛的美景

孩子的世界是新鲜、美丽，充满奇妙和惊喜的。

而我们中的大部分，所谓的世事洞明者，感受美和敬畏的本能，早在长大前就已暗淡，甚至磨灭了。

如果我的话能让美善仙女听到，我会恳请她，在她给所有孩子主持洗礼时赐予他们一件礼物，那就是一生都不会磨灭的好奇心，让他能够抵抗成长的岁月中遇到的一切厌倦和无聊，一切对偏离了我们力量本源之物的沉溺。

黑顶在场区鹐科有鹐属，主要生活在非洲撒哈拉沙漠以南。

黑喉石䳱

common stonechat

Saxicola torquata

丰盛的美景

双领鸻

如果一个孩子没有得到仙女的恩赐，就需要有个大人陪着他分享，这样就能存续他天生的好奇心。

陪他一起重新发现我们生息的世界有多好玩、多惊喜、多神秘。

可父母们经常心有余而力不足，一面是孩子饥渴而敏锐的眼神，另一面却是万物纷纭的自然，栖居着这么多迥异陌生的生命，没办法简化成井然的条理和知识。

他们最终会沮丧地说，"我怎么能给孩子上自然课呢，我自己还看不出这只鸟和那只鸟有何差别呢。"

鸻科的一种，分布于西半球，随季节迁飞，越过赤道，直至大陆的南北两端。其胸部两道黑色条纹真像两条领子。

双领鸻

killdeer

Charadrius vociferus

丰盛的美景

普通潜鸟

我真的相信对孩童和教导他们的父母来说，远为重要的不是知道，而是感受。

事实是知识和智慧的种子，但情感和印象才是这种子生发的沃壤。

童年是培育这沃壤的时期，一旦孩子的情感被激发起来，他们就会对新奇未知感到美丽和振奋，会感受到同情、珍惜、羡慕和挚爱，并由此去探知激发我们这些感情的事物。

一旦有所知晓，那意义必会久久存留。

要紧的是，我们要为孩子的求知铺好路，而非在他们尚未激起求知欲的时候，用乏味的事实来填鸭。

属潜鸟科潜鸟属的一种，主要分布于北大西洋两岸，是杰出的捕鱼专家，能潜入水下 60 米，长达数分钟。

普通潜鸟

great northen loon

Gavia immer

丰盛的美景

灰白喉林莺

如果你是一个对自然兴趣淡薄的家长，你还是可以为孩子做很多，不论你身在何处，所拥丰寡，你都可以陪孩子观赏天空，朝晖夕阴，云兴霞落，星河璀璨。

你们可以听林莽之风深沉庄严，檐下之风嘤咛唱和，心随风远，如得解脱。

你也可以任雨点滴落脸颊，想象它们每一滴都经历千山万水，从遥远的海中蒸腾而上，在空中飘行千里，最后落向大地，落向你。

即使你一直居于都市，你也可以在公园或高球场里看见迁飞的鸟群，四季的更替。

甚至在厨房窗下的一撮尘土里看见种子的萌芽，和孩子一起沉思其中的神奇。

属莺科林莺属的一种，主要分布于亚欧大陆。各科栖于北非、阿拉伯半岛、南亚，夏季则向北迁飞，遍及欧洲和西亚。

灰白喉林莺

whitethroat

Sylvia communis

丰盛的美景

黑顶山雀

和孩子探索自然实际上就是要对周围的一切变得敏感。

用你的眼耳鼻舌指尖去感受，疏通已经淤塞的感官。

我们的知识大多来源于视觉，但我们的双眼却常常视而不见。

要澄澈双眼去发现美，就要问自己，"为什么我以前从没发现？如果我从没发现会怎样？"

属山雀科，是广泛分布于北美的一种娇小鸣禽。其鸣声非常复杂，能传递多种信息。还有惊人的记忆力，能记住储存于各处的食物长达一个月之久。冬季时，为了节省能量，可以把体温从40°降到12°。

黑顶山雀
black-capped chickadee
Poecile atricapilla

5

长耳鸮

Long eared owl
Asio otus

by
John James Audubon

长臂花金龟

Flower chafer

Jumnos ruckeri pfanneri

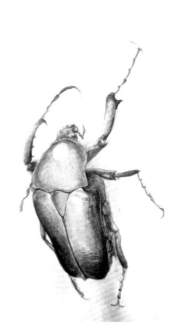

谢小枫（崔名甲）绘

安氏蜂鸟

Anna's hummingbird
Calypte anna

by
John James Audubon

大绿金刚鹦鹉

Great green macaw

Ara ambigua

谢小振（唯名卓）绘

躺在星光下

记得一个夏夜，我才忽然强烈地意识到这一点。

那是一个无月的晴夜，我携一朋友散步，一直走到一个平坦的半岛，远远伸向大海，几乎是一个被海水四合的小岛。

天际是如此遥远缥缈，我们躺在地上看苍穹如墨，星群璀璨。

夜如此静谧，都能听到海口外暗礁上浮标的响声，还有遥远海滩上依稀的人声，远舍里的一两点灯火，除此，似乎已身处无人的旷野洪荒，只有群星与我俩同在。

从没看见星空如此美丽，银汉流贯，星座鲜明，地平线上孤悬着一颗熠熠的行星。

偶有流星划过，燃尽在大气层中。

南洋大兜

叩甲

同蝽

躺在星光下

我感到此情此景好像百年才得一见，抑或是一代人中才有幸邂逅一次，我想象，这弹丸之地为此挤满了观众。

但实际上这样的夜晚司空见惯，于是家家灯火明亮，但却没人想到头顶之上大美无限。

因为人们觉得这样的夜晚年年可见日日可见，但实际上却是视而不见。

何不跟孩子一起分享这样的经历，心骛寰宇、神游太虚，即便你说不出一颗星星的名字，你仍然可以歆享这宇宙之美，思索、探寻它的意义。

猫头鹰

啄木鸟

丰盛的世界

于是你就会发现众人大多会视而不见的一个"渺小"的世界。

而孩童们却会发现、欣喜于"渺小""平淡"的东西，大概是因为他们本身的矮小，可以更亲近大地的缘故。

大人可以和他们一起分享渺小世界的美丽，这个被习惯了整体而忽略局部的我们所遗忘的世界。

要知道，造化最精微的手艺往往体现在微观的尺度上，谁都知道，放大镜下的一粒雪花何其精美。

蜗牛是软体动物腹足纲中的众多种类。通常指的是陆生种类，实际上蜗牛还包括海生蜗牛、淡水蜗牛等。蜗牛中有用肺呼吸的，也有用鳃呼吸的，有带壳的，也有不带壳的。蜗牛的绝大多数品种都生活在海洋中，形成种类很多的群类。

蜗牛
snail
Gastropoda（C）

丰盛的世界

红铅笔海胆

只要几美元的望远镜和放大镜就会把这个新奇的世界带到眼前。

和你的孩子一起驻目于先前以为的平淡无奇之处，即便是一把细沙也会霎时闪烁如玫瑰如水晶色的珠宝，抑或如墨玉般的珠子，小人国的石堆，海胆的刺，蜗牛的碎壳。

若是用放大镜看那些苔藓就仿佛发现了一个浓密的雨林，小昆虫放大如虎，在奇异茂盛的树木间逡巡。

镜头下的玻璃皿中的水草也会变得惹人喜爱，里面庇护着一干奇异的居民，会让你饶有兴致地看上几个小时。

属海胆纲长海胆科。主要生活在印度洋、太平洋中。刺可长 10 厘米，大多为红色，夜晚则会变成粉色。它们主要以吃珊瑚和海绵为生。

红铅笔海胆

red slate pencil urchin

Heterocentrotus mammilatus

丰盛的世界

蜗牛

花朵、嫩芽、花蕾，任何渺小的生灵，在镜头的放大之下都会让你发现出乎预料的美丽和复杂，使我们摆脱人类尺度的局限。

双目之外其他的感官同样会带来欢喜和发现，留给我们记忆和印象。

在早上我和罗杰已经闻饱了炊烟里薪材浓烈清新的气味。

下到海滩立刻就能闻到退潮后的味道，种种气味勾兑在一起，十分提神，那气味描述了一个海草、鱼类和奇形怪状的海中生灵的世界，还有日复一日如约来去的潮涨潮落间，泥泞袒露的滩涂和礁石上的盐渍。

我希望罗杰以后能够体验到在久别大海之后，再一次呼吸这气味时，就能记起当初的欣喜。

嗅觉比其他感官更能唤醒记忆，可惜的是我们大多令其荒驰。

变色龙

chameleon

Chamaeleonidae（C）

属于爬行纲蜥蜴亚目避役科，马达加斯加是
变色龙的天堂。变色龙变色不同于章鱼是为
了与环境相一致，而是取决于环境中的光线、
湿度，尤其是它们的心情。

丰盛的世界

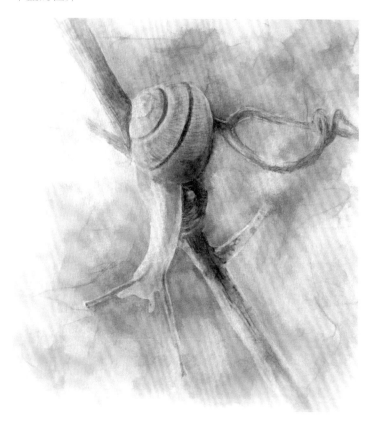

蜗牛

snail

蛞蝓属腹足纲，是一种壳退化
了的蜗牛，又称鼻涕虫，既有
陆生，也有海生和淡水种类。

蛞蝓
slug
Gastropoda（C）

丰盛的世界

天牛

longhorned beetles

Cerambycidae（下）

属昆虫纲的一大类，称天牛科，只很长的触角闻名。天牛种类超过两万种，最大的是美国的泰坦天牛，体长超过15厘米。

瓢虫

ladybirds

Coccinellidae（F）

昆虫纲瓢虫科有五千多种，以其鞘翅上的
斑点为显著特征。不论东西方，都把这类
甲虫与女人联系在一起，其分类名在拉丁
语中意为"斗篷"，很是贴切。

丰盛的世界

大蓝蜻蜓

great blue skimmer

Libellula vibrans

蜻蜓是昆虫纲蜻蛉目差翅亚目下的一类，而豆娘
则属于均翅亚目。蜻蛉目都是空中的猎食者，这
一物种在地球上出现极早，曾经发现过 3.25 亿年
的化石，可能是地球上最早会飞的生物。

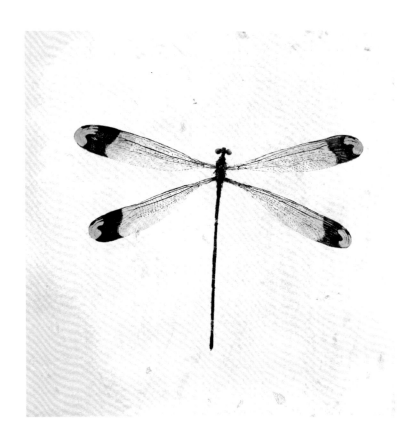

蜻蛉（豆娘）

damselfly

Ischnura heterosticta

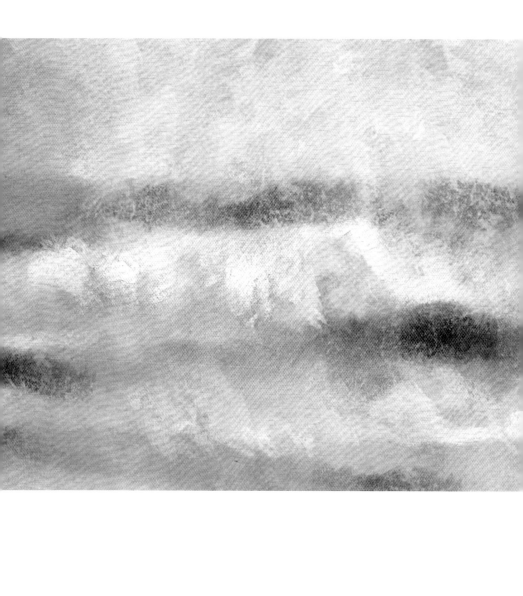

清晨的和声

耳朵若能加以练习会给人更多微妙的快乐。

画眉有着银铃般的叫声，每至春来都会出现在我们后院，但邻舍们都说从没听到过。

我想，孩子们稍加点拨，一定能听到画眉的宛转啼声。

要找到闲暇聆听天地众籁，如与天地对语，那雷霆震震，长风肃肃，潮歌坎坎，溪水潺潺。

属鹟科鸲属，主要生活于东亚、
东南亚。翅下羽毛为橙色，背
部及尾羽为青金石般的蓝色。

红胁蓝尾鸲
red-flanked bush robin
Tarsiger cyanurus

清晨的和声

北美主红雀

最妙的是生命的和声，孩子们要听着鸟儿们在晨曦中的合唱成长，他们不会忘记前夜就盘算好的早起，在破晓前的微曚中出行。

鸟儿们在破晓前就开始鸣叫，要找到起得最早、最孤单的鸟儿并不难，或许是几只主红雀高声哨鸣，好像在叫狗。

接着加入主红雀的是灰莺，它们的声音纯净、缥缈，如在追忆昨夜的好梦。

属红雀科红雀属。分布于北美东南部。是美国最有名的鸣禽之一，以鲜艳的红色和高耸的羽冠格外醒目。如同罗马教廷身穿红袍的主教一样，它们又被称为枢机鸟、主教鸟等。

北美主红雀
northern cardinal
Cardinalis cardinalis

清晨的和声

旅鸫（北美知更鸟）

在更僻远处的林间三声夜鹰继续着一整夜的独唱，节奏准确不休不懈好像不仅仅是为了被听到。

知更鸟、鸫类、歌带鹀、鸦、绿鹃纷纷加入，尤其是知更鸟越来越多，合唱声就越来越大，它们特有的强烈节奏很快就主控了合唱。

在鸟儿的晨唱中，我们听到的是生命的搏动。

属鸫科的一种小鸣禽，生活在北美。因形状羽色像欧洲的知更鸟，所以被最初的北美殖民者称为 robin，实际上欧洲知更鸟属鹟科。它们冬天在中美洲、夏天飞北飞于美国或加拿大，每年都是最早回到北方下蛋孵化的鸟类。

旅鸫（北美知更鸟）

American robin

Turdus migratorius

清晨的和声

三声夜鹰

eastern whip-poor-will

Caprimulgus vociferus

属夜鹰科，分布于北美。身体棕、黑相间，与地面落叶杂草浑然一体，很难发现。其独特的叫声节奏为重轻重，因此得名。美国乡村文化中认为这种夜出昼伏的鸟能看见人的灵魂从身体中飞离。

戴胜

Eurasian hoopoe

Upupa epops

属佛法僧目戴胜科，分布在亚欧非大陆。拉丁学名 *upupa*
实际上是对它们叫声的模仿。其美丽的头冠和羽毛暗示
了它与近亲之间的关系，诸如犀鸟、翠鸟、蜂虎、佛法
僧鸟都是羽毛华丽的鸟类。

清晨的和声

蜂鸟

hummingbird

Trochilidae （F）

蜂鸟科分布在美洲，共有三百多种。蜂鸟是世界上最小
的鸟类，通常只有小手指长，几克重。由于体型小，它
们的代谢速度是恒温动物中最快的，心跳可达每分钟
1200次。而在夜晚或食物匮乏时，它们可进入类似冬眠
的状态，代谢速度降到十分之一。它们是高超的飞行家，
翅膀每秒可振动50次以上，并可悬停、倒飞等等。

蓝山雀
blue tits
Cyanistes caeruleus

清晨的和声

杂色鸫

varied thrush
Zoothera naevia

鸦科的一种，分布在北美，是数量庞大
的鸣禽。又称北美歌雀，早期移民误认
为它们是鹀科的麻雀，sparrow。

歌带鹀
song sparrow
Melospiza melodia

清晨的和声

欧亚松鸦

Eurasian jay

Garrulus glandarius

蓝头绿鹃
Blue-headed Vireo
Vireo solitarius

清晨的和声

凤头麦鸡

它不是鸡，而是属鸻科，分布于欧亚大陆。
从19世纪维多利亚时期开始，英国贵族风行
吃凤头麦鸡的蛋，荷兰还形成了寻找每年第一
枚麦鸡蛋的风俗，这一风俗屡次被禁又屡次恢
复，鸟类保护和文化保护主义者相持不下。

风头麦鸡

northern lapwing

Vanellus vanellus

草虫的音乐

生命的音乐还不止于此。

我早就答应过罗杰，秋天和他一起到花
园里打着电筒搜寻在草丛灌木花篱间琴
鸣的虫子。

草虫的管弦演奏起伏强弱，夜复一夜，
从仲夏到秋末，直到霜夜来临，这些演
奏家们瑟缩僵冷，终于在漫长的严冬中
彻底沉寂了。

属昆虫纲鞘翅目象甲科。有
6万多种，也叫象鼻虫。食
植物，有多种被我们称为害
虫。

象甲
weevils
Curculionidae（F）

草虫的音乐

蚱蝉

每个小孩都喜欢打着电筒如探险般搜寻这些袖珍音乐家。

孩子们会感受到夜的神秘和美丽，感受到夜晚是如此活力四射，虫儿们睁着警惕的眼睛静伏在小小的巢窠中。

这个游戏不是要倾听管弦乐队的合奏，而是听单个的独奏，并且循声而往，找到演奏者。

你可能会听到一种甜蜜嘹亮不息不止的颤音，吸引你一步步走到灌木前，最后你会发现一只灰绿的小生灵，有着一对月色中透明缥缈的白色翅膀。

或是在花园的小径旁，你会听到一种欢快有节奏的啁啾，声如壁炉里的噼啪声，或如猫儿的呼噜声，听起来是那么温馨家常。

属昆虫纲半翅目蝉科。分布在东亚和东南亚。又称知了，鸣蜩。蝉的若虫可在地下生活几年，成熟后爬上地面攀树蜕下一个完整 的外皮。之后雄蝉竟日鸣叫，吸引雌蝉完成交配后，就迅速死去。

蚱蝉

cicadas

Cryptotympana atrata

草虫的音乐

蟋蟀

电筒一照，就会看见一只黑蟋蟀，一见光它就缩回草洞中。

最令人难忘的一种鸣虫，我叫它摇铃精灵。

我从没看见过，或许我也不希望见到。

它的鸣唱是那么轻灵出尘，精微美妙，不似人间之响，这鸣虫真应该保持神秘，无论我如何整夜寻觅都不得一见。

这声音一定出自一个小精灵手中的铃铛，清澈如银，又那么微细，刚刚能入耳，你俯身贴近草地去听寻它和谐的鸣唱时，都要屏住呼吸。

属昆虫纲直翅目蟋蟀科，又称促织、蛐蛐。分家蟋蟀和田野蟋蟀。蟋蟀一般要蜕皮八次以上。成熟后，雄蟋蟀在草间歌唱，雌虫根据声音判断雄虫的强健程度。田野蟋蟀一般很难活过冬天，而家蟋蟀则可在人类的居所中度过严冬。

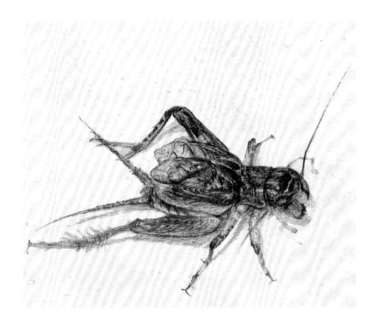

蟋蟀
cricket
Gryllidae（F）

草虫的音乐

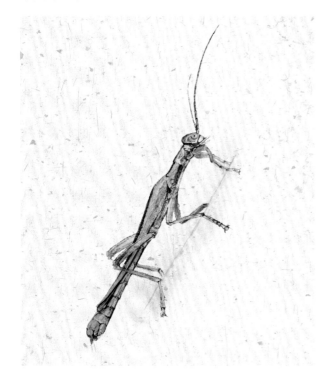

竹节虫

phasmid

Phasmatodea（O）

属昆虫纲竹节虫目。主要分布于温暖地
区，以东南亚和南美最多。有很好的保
护色、夜行，复眼敏锐。巨竹节虫是所
有昆虫中最长的，有 60 厘米长。

海南捕鸟蛛

Chinese bird spider

Haplopelma hainanum

属蛛形纲捕鸟蛛科。分布于中国最南
方及越南。正如英文中称它为地面之
虎（earth tiger），它的体形巨大，可
长达20厘米，又有剧毒，可捕杀昆虫、
老鼠，人也得避而远之。

草虫的音乐

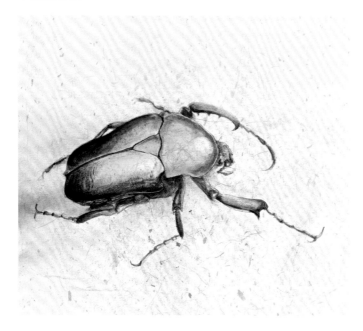

长臂花金龟

flower chafer

Jumnos ruckeri pfanneri

属鞘翅目金龟子科、
生活于东南亚。

花金龟（肯尼亚）

flower chafer

Coelorrhina hornimani

属鞘翅目金龟子科，
生活于东非。

飞鸟在今夜路过

夜晚也能听到别的声音，譬如那些春来北飞、秋来南飞的候鸟。

挑一个十月里微风吹拂的夜晚，带着孩子找一个远离车水马龙的安静之地，站在那里，把思绪放到暗黑的苍穹，你们的耳朵会听到微弱的声音，或是尖锐的唧唧声，或是含混的嗞嗞声，或是好似召唤的声音，这些都是候鸟的鸣叫，用叫声联络分布在天空中的同类。

每次听到候鸟的鸣叫，我都会涌起百感交织的感受，想到它们长途迁飞中的孤独，深深同情这些被那股超越的力量控制和主导的小生灵，更想知道至今仍无法索解的群鸟们寻找路线和方向的本能。

琵嘴鸭
northern shoveler
Anas clypeata

飞鸟在今夜路过

白尾鹞

如果是满月之夜，候鸟的叫声回荡在天空，你就可以和孩子开始另一次探险，只要他能够用得了天文望远镜，或双筒望远镜。

观鸟时，看见鸟群从月面上划过，这类图像如今已经变得很流行，甚至有了重要的科学意义，依我所见，这是让大一点的孩子感受候鸟迁徙之神秘的好法子。

属鸟纲鹰科。分布于北美北部和北欧。冬季则南迁到更温暖的地区。翼展约一米，雌鸟比雄鸟更重。喜居开阔草原与低矮灌丛环境，巢穴筑于地面或草上。食物以啮齿类为主。

白尾鹞

northern harrier

Circus cyaneus

飞鸟在今夜路过

北美黑啄木鸟

让自己好好坐下，让望远镜聚焦于月轮。

学会耐心等待，可能要等很久才能有所回报，除非你恰好在候鸟迁飞的"高速公路"线上。

在等待的时候，你可以先研究一下月球上的地形，只需一架中等的望远镜就能让一个喜欢宇宙的孩子看到足够多的细节。

迟早你都会看见鸟群飞过月亮，从黑暗中孤独地飞来，复又消失于黑暗中。

北美黑啄木鸟

pileated woodpecker

Dryocopus pileatus

很可能是美国最大的
啄木鸟、吃虫、木蚁、
也吃野果、坚果。

飞鸟在今夜路过

红巧织雀

我并没有提到如何辨认鸟类，昆虫，岩石，星星，或任何我们周遭的一切生物与非生之物。

当然命名这些事物的确会激发我们的兴趣，但那是另一码事，任何父母都可以凭借自己的观察说出名字，或者买一本物美价廉的手册来解决。

我认为辨认事物的游戏到底有什么价值取决于游戏的方式。

若就是为了辨认而辨认，价值并不大。

属织雀科。分布于非洲南部。喜群居，正如其他织雀科鸟类，雄性善用草织巢。

红巧织雀

bishop

Euplectes orix

飞鸟在今夜路过

穗鸥

或许你可以把所有见到和辨认出的物种编一个长长的单子，但却从未瞥见过那令人窒息的生命之奇观。

如果一个孩子问我，为什么鹟会在八月的清晨落在海滩上，我会远比他只是说出那是一只鹟而不是一只鸽高兴，因为他的问题更能激发我对于鸟类迁飞的玄思。

穗鹛

northern wheatear
Oenanthe oenanthe

对自然的玄思

永葆和加强这种敬畏与惊诧之感，认识到这种超越于人的存在的事物，到底有什么价值呢?

探索自然仅仅就是为了陪着孩子度过金色年华欢愉时光而已吗?

没有更深的意味?

家燕
swallow
Hirundo rustica

对自然的玄思

普通鸬鹚

我确信，一定有更深沉、更持久、更重要的东西，那些沉浸在地球的美丽与神秘的人，不论是科学家还是普通人，都不会感到孤单和厌倦。

不论自己的生活是多么烦忧，他们都能找到内心的满足和生命的惊喜。

那些凝视自然之美的人会一生保有这种力量。

鸟群迁飞，潮涨潮落，春日里待放的花蕾，都是实实在在的美，更是美的符号。

冬去春来，朝朝暮暮，在这往复循环的自然中有无限愈复的力量。

鸬鹚科有 40 多种，分布于世界各地，主要生活在海滨，是出色的潜水捕鱼者，最深可潜至 40 多米。它们大多为黑色，但卵却是可爱的粉蓝色。

普通鸬鹚

great cormorant

Phalacrocorax carbo

对自然的玄思

多色苇霸鹟

我记得前些年去世的瑞典杰出的海洋地理学家奥托·彼得森，这位活了93岁的老人是一个心灵敏锐的人。

他的儿子亦是蜚声世界的海洋地理学家，在他最近的一本书里写到他的父亲是如何关注和享受新经历、新发现的。

"他是个不可救药的浪漫主义者，深爱着生命和宇宙的神秘。"

当彼得森知道自己欣赏这地球美景的日子无多时，他对儿子说："即便在我生命的最后一刻，我还是对这世界的明天充满无限的好奇。"

多色苇霸鹟

many-coloured Rush-tyrant

Tachuris rubrigastra

对自然的玄思

笛鸻

最近我接到一封信，可谓是一生保有惊诧感的雄辩明证。

这是一个读者写的，问我哪个海滩是度假的佳处，那里一定要足够野性，能尽日聆听海浪的咆哮，远离文明的染着，古老而又新鲜。

属鸻科。分布北美海滨，如今数量
已稀少。大小如麻雀，其鸣声如清
泚的铃声，未犀己闻。

笛鸻

piping plover

Charadrius melodus

对自然的玄思

白腰滨鹬

遗憾的是她排除了崎岖的北部海岸，她虽一生钟爱那里，但攀爬礁石对于这个即将89岁的人来说太过为难了。

展卷读信的时候，我被她求知探奇的火焰温暖着，这火焰在她依旧年轻的心里、灵魂里熠熠燃烧，就像八十年前一样。

在自然中得到的持久欢乐，并不只属于科学家，亦属于任何去感受天地大海的人，任何去感受万物生灵的人。

白腰滨鹬

white-rumped sandpiper
Calidris fuscicollis

对自然的玄思

黑头鸻

hooded plover

Thinornis rubricollis

乌林鸮

great grey owl

Strix nebulosa

属鸮形目鸱鸮科。分布上北半球，是世界上最大的猫头鹰，体长可达 80 厘米，翼展 150 厘米。雌性通常体形更大。它们的听力极敏锐，可以听到雪层下 60 厘米深的鼠类的活动。它们扑击而下，可以从几十厘米深的雪下抓到猎物。

对自然的玄思

大红鹳 （火烈鸟）

greater flamingo
Phoenicopterus roseus

属鹳形目红鹳科，是红
鹳中分布最广的，也
是体形最大的，可高
达 150 厘米。巨大的嘴
是红色的，尖端都是黑
的。幼鸟的颜色是灰白
色的，由于食物中含有
胡萝卜素而逐渐变红。
它们在海边或咸水湖里
用脚搅动水底，用巨大
的嘴滤食藻类、虾、螺
和微生物。

图书在版编目 (CIP) 数据

万物皆奇迹 /（美）卡森（Carson, R.）著；王重阳译；谢小振绘. —北京：北京大学出版社，2015.11
（沙发图书馆）
ISBN 978–7–301–26044–9

Ⅰ.①万… Ⅱ.①卡… ②王… ③谢… Ⅲ.①自然科学–普及读物 Ⅳ.① N49

中国版本图书馆 CIP 数据核字（2015）第 158867 号

书　　　名	万物皆奇迹
著作责任者	〔美〕蕾切尔·卡森 著　　王重阳 译　　谢小振 绘
责 任 编 辑	王立刚
标 准 书 号	ISBN 978–7–301–26044–9
出 版 发 行	北京大学出版社
地　　　址	北京市海淀区成府路 205 号　　100871
网　　　址	http://www.pup.cn　　　新浪微博：@北京大学出版社
电 子 邮 箱	zpup@pup.cn
电　　　话	邮购部 010–62752015　　发行部 010–62750672
	编辑部 010–62755217
印 刷 者	北京华联印刷有限公司
经 销 者	新华书店
	880 毫米 ×1230 毫米　A5　4.75 印张　10 千字
	2015 年 11 月第 1 版　2024 年 6 月第 4 次印刷
定　　　价	45.00 元